F. DUMONTEIL
LES
FLEURS A PARIS
FIRMIN-DIDOT & CIE

LES

FLEURS A PARIS

TYPOGRAPHIE FIRMIN-DIDOT. — MESNIL (EURE).

Fig. 1. — La cueillette des fleurs dans les bois.

LES
FLEURS A PARIS

PAR

FULBERT DUMONTEIL

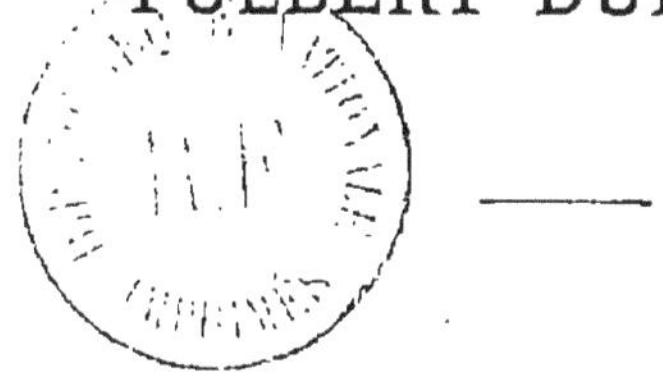

OUVRAGE ORNÉ DE 28 GRAVURES

PARIS

LIBRAIRIE DE FIRMIN-DIDOT ET Cie

IMPRIMEURS DE L'INSTITUT, RUE JACOB, 56

1890

LES

FLEURS A PARIS

Il n'y a peut-être pas de ville au monde qui aime autant les fleurs que Paris.

Il a ses squares, ses parcs et ses jardins sans rivaux, il a ses marchés aux fleurs, ses expositions de fleurs, sa Société des fleurs, son Œuvre des fleurs, sa fanfare des fleurs, et, depuis l'été dernier, sa bataille des fleurs, où, comme les Niçois, les Parisiens se jettent à la tête des roses et des marguerites. — Guerre charmante dont la victoire reste à la charité et dont les projectiles embaumés tombent dans la caisse des pauvres en pétales d'argent et d'or.

Des fleurs, partout des fleurs! Paris en parfume ses bals et ses théâtres, ses salons et ses boudoirs, ses balcons et ses fenêtres; il en veut sur sa table, il en met à sa boutonnière; il en couvre pieusement ses tombes et ses autels.

Pour parterre, il a tout un département, et pour bouquetières, une armée; pour serres monumentales, il a ces cités du soleil qui s'appellent Nice, Hyères, Menton.

Jadis, le jour de la Saint-Jean, on promenait dans les villes de la Provence un grand mannequin d'osier, et les enfants en habit de fête lançaient, dans la bouche immense du mannequin, des centaines de bouquets. Le soir, on vidait l'idole rustique et l'on mettait le feu aux fleurs entassées, qui flambaient joyeusement au milieu des ténèbres.

On croyait que leurs cendres, emportées par le vent, attiraient la rosée du ciel et faisaient reverdir les plantes.

Paris me représente assez volontiers ce terrible mangeur de bouquets, car, chaque année, il consomme pour plusieurs millions de fleurs, depuis l'humble bouquet des champs, cueilli sur les bords de la Seine ou de la Marne, jusqu'aux plantes aristocratiques qui lui arrivent par caisses innombrables des tièdes rivages de la Méditerranée.

Maintenant, veuillez me suivre à travers Paris et visitons ses fleurs, tout en laissant de côté les épines, assez nombreuses cependant pour faire à la grande cité comme une ample couronne de douleur.

1

D'OU VIENNENT LES FLEURS.

Aujourd'hui, presque toutes les fleurs aristocratiques et rares nous viennent du Midi, de Menton, de Cannes, d'Hyères, de Toulouse, de Montpellier, et surtout de Nice, qui est, pour ainsi dire, le grand marché aux fleurs de Paris.

Un matin, un employé du chemin de fer vous apporte une boîte délicatement emballée : est-ce une terrine de Nérac ou un pâté de Périgueux ? C'est un bouquet de Nice, qui sort de sa boîte, si frais, si brillant, si parfumé, qu'il semble cueilli dans une serre du voisinage.

Quant aux fleurs populaires, qui s'entassent dans nos marchés en cascades éblouissantes, en

gerbes échevelées, et qu'on crie dans les rues, ce
sont les environs de Paris qui nous les envoient
par charretées.

Fig. 2. — Le chèvrefeuille.

D'où viennent ces fleurs? un peu de partout,
car on rencontre partout une motte de terre, une
goutte d'eau et un rayon de soleil. Il est cepen-

dant des localités qui ont encore aujourd'hui la gracieuse spécialité de telle ou de telle plante, et cette fleur renommée est à la fois la richesse et le charme du pays.

Mais, je le répète, ces spécialités de production végétale disparaissent chaque jour de plus en plus, et c'est, maintenant, un peu de partout que nous parviennent toutes les fleurs.

Pour mon compte, je le regrette : j'aime ces localités qui tiraient leur gloire rustique des fleurs de leurs champs et de leurs forêts, comme j'aime ces doux noms de villages : Fontenay-aux-Roses, Cendrieux-les-Bleuets, Sainte-Marie-les-Sauges, Saint-Julien-les-Lys, Montfort-les-Bruyères, Malavaux-les-Ajoncs, Saint-Michel-les-Genêts, Vérines-l'Églantier. Sobriquets charmants ! Est-ce que vous ne trouvez pas que chacun de ces villages respire comme un parfum de la fleur dont il porte le nom ?...

Certes ! ce n'est pas moi qui jetterai la pierre au beau soleil de Nice et de Menton, aux plantes aristocratiques, aux fleurs éclatantes que ses

Fig. 3. — Le narcisse.

rayons colorent et parfument, mais je ne crains pas de dire que toutes mes sympathies sont pour les fleurs modestes et champêtres de nos environs de Paris.

Aux jasmins, aux orangers, aux camélias des bords ensoleillés de la mer bleue, combien je préfère le chèvrefeuille qui court sur les chênes de Marly, le narcisse qui mire dans la Seine sa tête de satin, et la violette de Pâques qui fleurit dans les bois de Meudon.

Maintenant que nous connaissons la provenance des fleurs de Paris, passons à la bouquetière, qui trouve moyen de les rendre encore plus belles en mariant les teintes et les couleurs, en faisant d'une brassée confuse, une mosaïque odorante, un tableau de parfums.

II

LA BOUQUETIÈRE.

Bals et théâtres. — Kiosques et champs de courses. — La bouquetière
des halles. — L'œuvre des fleurs.

La bouquetière est un type essentiellement
parisien; on la rencontre partout : le long des
boulevards, à la porte des restaurants et des
cafés, sous d'humides portes cochères et dans de
gracieux kiosques, qui s'épanouissent le long des
riches avenues, comme des chapelles fleuries.

Bals, concerts, théâtres, la bouquetière se fau-
file partout, ayant pour passeport ses roses et
ses œillets. Dans les entr'actes, elle crie la violette et le lilas, comme on crie la valence et le
sucre d'orge; sur nos champs de courses, la bouquetière est presque un personnage, elle porte

Fig. 4. — La petite bouquetière.

un uniforme comme la cantinière d'un régiment,
arbore les couleurs qui lui sont chères et fait
payer ses bouquets un louis.

Ah! ce n'est plus la petite bouquetière, mai-
griotte et pauvrette, qui vous poursuit avec l'a-
charnement d'une mouche pour fleurir votre boutonnière d'un œillet fané, ou qui vous offre un
bouton de rose, — pauvre fleur décapitée, — au
bout d'un fil de fer!

Mais si vous voulez connaître la vraie bouquetière sérieuse et bien posée, ayant souvent
pignon, — j'allais dire jardin, — sur rue, veuillez
me suivre aux grandes halles de Paris.

Spectacle éblouissant et merveilleux : des mas-
ses de fleurs de toutes couleurs et de tous parfums
sont disposées, groupées, tassées dans le voisinage des fruits. La rose fait vis-à-vis à l'abricot,
le jasmin à la framboise, l'œillet à la fraise, et
tandis que les prunes et les pêches vous font
venir l'eau à la bouche, le parfum de mille fleurs
vous monte doucement à la tête.

Mais voici la bouquetière, qui, de son comptoir

où elle détaille le printemps et l'été, vous sourit et vous appelle : « Venez donc m'acheter de belles fleurs ! »

Proprette, gracieuse, accorte, avenante, presque toujours jeune et souvent jolie, la bouquetière des halles est un type aussi curieux que charmant. On dirait qu'elle porte sur ses joues un reflet de sa marchandise.

Et puis, comme elle entend son métier !

Elle a une fleur pour la douleur et une pour la joie, et fleurit, de la même main, l'alcôve nuptiale, la tombe et le berceau.

Pour elle, les jours de vente sont les jours de fêtes patronales, son grand-livre est le calendrier.

Elle attend avec impatience les fêtes de la Toussaint, où souvent elle installe des succursales à la porte des cimetières.

Ce jour-là, le vivant vit des morts, la tombe remplit le comptoir et la bouquetière encaisse, des deux mains, les regrets et les souvenirs.

La bouquetière est l'aristocratie des femmes

de la halle, elle en est la grâce et le luxe, elle en est la fine fleur.

Il y a des bouquetières fort riches, qui ont

Fig. 5. — L'aubépine.

trouvé une dot très enviable sous leurs gerbes de lilas et de giroflées.

Quand la bouquetière des halles s'en va à l'Opéra, ou bien à quelque bal de famille, il s'opère un miracle : les perles de ses muguets se changent en perles fines et ses roses en diamants.

L'ancienne bouquetière du carreau des halles a sa place dans l'histoire : c'est elle qui harangue les rois, embrasse les dauphins dans leur berceau, souhaite la bienvenue aux archevêques de Paris et, dans les bals fameux, danse avec les princes du sang.

C'est elle qui fleurit les autels de Saint-Eustache, donne le pain bénit au jour des Rameaux et présente en grande pompe, le jour de sa fête, un bouquet de treize pieds de haut au duc de Beaufort — *le Roi des halles.*

Ce ne sont point les plantes fastueuses et rares, ni les fleurs aristocratiques qu'on trouve chez la bouquetière des halles. Son modeste mais solide comptoir ne connaît pas ces belles fleurs mondaines qui fleurissent en décembre, s'en vont en soirée, et dont elle ne sait même pas le nom.

Les fleurs que débite la bouquetière des halles, ce sont : des avalanches de muguet blanc, des corbeilles de réséda, des bourriches de pensées aux pétales veloutés, des gerbes de fleurs des

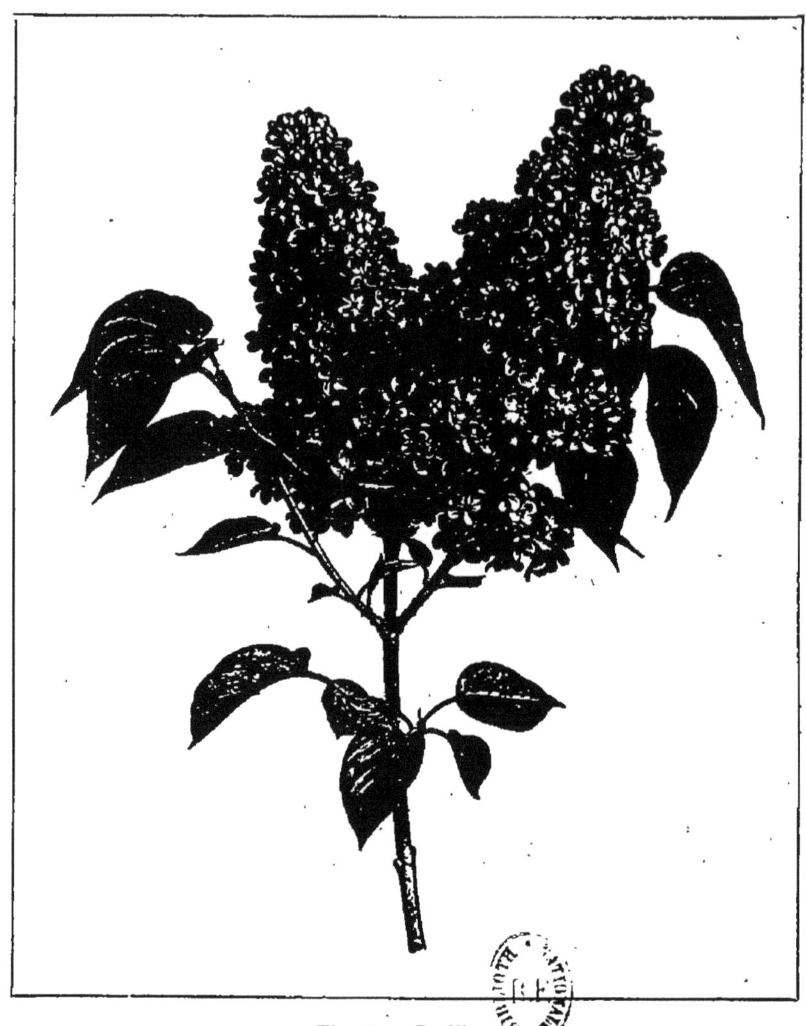

Fig. 6. — Le lilas.

LES FLEURS A PARIS.

champs, des brassées de roses, des buissons d'aubépine, des charretées de lilas, frondaison immense, venue de tous côtés, lilas blanc et lilas
rose, au parfum si fugace et si léger qu'il échappe
à la conquête du chimiste et du parfumeur.

Ce fut une bouquetière des halles qui m'apprit,
un jour, l'existence d'une œuvre que vous ne
connaissez peut-être pas.

C'est l'Œuvre des fleurs.

Cette société, composée de jeunes filles, a pour
but d'entretenir les fleurs des chapelles pauvres
et des autels nus, comme autrefois les vestales
entretenaient le feu sacré des temples païens.

Cette société ne dure que le mois de Marie, et
sa gracieuse mission se renouvelle à chaque
printemps, comme le bouton des roses et le
bourgeon des chênes.

Elle ne fait pas plus de bruit dans le monde
que ne le font, dans les champs et dans les prés,
l'oiseau qui s'envole ou le grillon qui chante, la
brise qui passe, la fleur qui s'épanouit, la feuille
qui tombe.

Je ne crois pas que l'Œuvre des fleurs soit jamais décrétée d'utilité publique. Certes, il y a des œuvres plus importantes et plus utiles, mais je n'en connais point de plus charmantes.

Son comité est une troupe d'enfants, ses ressources, le soleil de mai; sa caisse, un parterre; ses secours, des fleurs; son offrande, un parfum.

Mais quittons les halles, ses fleurs, ses bouquetières, et dirigeons-nous sur les grands boulevards, les somptueuses avenues et les rues aristocratiques, vers les grands magasins de fleurs, où nous trouverons, entre quatre murs et en plein hiver, le printemps et l'été, comme si on y avait enfermé le soleil des Tropiques.

III

LES GRANDS MARCHANDS DE FLEURS.

Le temple des fleurs. — La Guyane et le Brésil à Paris. — Bouquets
de noces et bouquets de table. — Corbeilles et jardinières.

Ici, ce n'est plus une boutique, ce n'est plus un
étal ou un comptoir ; c'est une serre et un parterre, c'est l'été en hiver, c'est le Midi dans le
Nord, c'est le Tropique dans Paris, c'est le temple moderne des plantes et des fleurs.

Ici, on ne reçoit que les plantes mondaines, les
fleurs titrées venues des pays du soleil, et je
comparerais volontiers ces luxueux magasins aux
salons exotiques où s'étalent, choisies, triées sur
le volet, les plus remarquables types de beautés
étrangères.

Rien n'égale le luxe original et l'élégance

végétale de ces magasins avec leurs mosaïques embaumées, leurs variétés de parfums, leurs colonnes de lierre, leurs arceaux de feuillage, leurs corbeilles de bambou, leurs jardinières chinoises ou japonaises, leurs paniers montés, leurs vases

Fig. 7. — Panier monté.

de Sèvres ou d'Orient, leurs cascades mignonnes, et leurs jets d'eau de Lilliput, dont le murmure discret ressemble aux soupirs d'une créole endormie.

Le passant s'arrête, ébloui par ce tableau tropical, enivré par les parfums des cinq parties du monde, et comme rafraîchi par cette verdure étrange, par ce feuillage splendide.

Ici, c'est un bouquet de mariée, flot de neige; là, un bouquet de bal, mosaïque parfumée; plus loin, une couronne mortuaire de cent francs; plus loin encore, une corbeille éclatante, dont les fleurs, réfléchies par la glace des surtouts ciselés, mêleront leurs délicates senteurs au parfum des truffes noires et des fruits dorés.

Enfin, à droite, à gauche, ce sont des jardinières, parterres roulants, piquées, dans leur mousse, de jacinthes et de camélias.

O vous dont la bourse est modeste et légère, fuyez le seuil de ces temples fleuris, où les tubéreuses et les magnolias se vendent à prix d'or! Ce sont là fleurs d'horticulteurs et de millionnaires; gardez votre piécette blanche pour les vraies fleurs du bon Dieu, pour les fleurs pauvres, mais charmantes aussi, qui poussent en plein air et en plein soleil, à la porte de nos maisons.

IV

LA MARCHANDE DES QUATRE-SAISONS.

Les fleurs des rues. — Parterres roulants. — La petite ouvrière et son bouquet. — La chambre et l'atelier. — Le trompette et le cheval. — Histoire de soixante bouquets.

De toutes les bouquetières, la plus typique et la plus originale, est la marchande des quatre-saisons, qui pousse, à la force du poignet, sa carriole bondée de verdure, toute bariolée de fleurs populaires et rustiques.

C'est une merveille que cette étroite, prosaïque voiture à bras : il y a là, selon la saison, des cascades de lilas, des pyramides de pivoines et de bluets, des avalanches de violettes et de giroflées, des brassées de muguets, de glaïeuls, de marguerites, d'immortelles ; des gerbes de pavots, des nuages d'aubépine, des guirlandes d'œil-

lets, des lis éblouissants, des iris aux fines senteurs, des bottes de réséda, de basilic.

Courbée sur son parterre roulant, bravant le
soleil et les ondées, les orages et la poussière, le
teint brûlé, coiffée d'une marmotte ou d'un chapeau de paille noirci par la pluie, les bras d'acier,
la voix d'airain, le pied infatigable, la bouquetière
des rues n'a pas la grâce séduisante et les dehors
provocants de la fleuriste des théâtres et des bals
publics.

Elle n'a pas non plus la beauté satisfaite et
rieuse de la bouquetière des halles, ni la distinc-
tion précieuse et maniérée des grandes marchandes de fleurs; mais combien est fraîche et jolie
cette voiturette de fleurs rustiques et simples,
aimée du peuple! Qu'elle est pittoresque, cette
carriole embaumée, qui passe à travers les rues
sombres et les places tumultueuses, comme un
rayon de soleil, comme une échappée de parfum!

On dirait alors que la pauvre marchande des
quatre-saisons charrie de la neige, de la pourpre
ou de l'or, et sa voix, retentissante le matin, en-

rouée le soir, annonce sa frêle marchandise à tous les échos de la voie publique :

« Belles violettes! muguet des bois! ah! le beau chèvrefeuille, Mesdames! voici des roses, de belles roses de Nanterre! achetez des lilas! deux sous la botte, les frais lilas! »

Et aussitôt, entendant ce cri, qui lui arrive comme un parfum des prés et des bois, l'ouvrière quitte son travail pour acheter une botte de fleurs, un bouquet mignon, qu'elle met dans un verre d'eau ou dans un vase ébréché, gagné à la fête de Saint-Cloud.

Durant une longue journée de travail, ce bouquet sera pour la fille du peuple une société, un compagnon, un ami, qui égayera la chambre obscure, réjouira son regard fatigué, lui donnera du cœur à la besogne et la fera rêver peut-être des champs et des bois, du grand air et du soleil.

« Deux sous, les jolies violettes! qui veut des frais lilas? »

Et la marchande des quatre-saisons s'éloigne à travers les rues, criant ses fleurs, poussant d'un bras infatigable la carriole embaumée, dont elle est à la fois le trompette et le cheval!

Fig. 8. — La marchande des quatre saisons.

N'est-ce pas le vicomte de Launay, c'est-à-dire la spirituelle Delphine de Girardin, qui a raconté, dans un de ses feuilletons, cette touchante anecdote?

Un jour, une femme encore jeune et belle, traversant en équipage un des faubourgs de Paris, s'arrête devant une immense fabrique, où jadis elle fut ouvrière. Un héritage inespéré, puis un riche mariage l'avaient faite grande dame.

Pensive et mélancolique, elle repasse dans son esprit les longues heures de fatigues et de travail, les jours pénibles et longs de sa dure enfance.

Tout à coup, à la porte de la fabrique, elle aperçoit, adossée à sa carriole, une vieille marchande des quatre saisons, qui attend sans doute la sortie des ouvrières pour vendre quelques bouquets de violettes ou quelques branches de giroflées.

« Mais c'est la mère Brunot! » se dit l'ancienne ouvrière.

Elle descend de voiture, accoste la bouquetière, et lui demande :

« Comment se fait-il, ma bonne femme, qu'à une heure aussi avancée votre carriole soit encore remplie de fleurs?

— Ah! ne m'en parlez pas, ma petite dame, je

ne suis plus jeune comme vous voyez; j'ai été malade tout l'après-midi et je me mets en campagne justement quand je devrais avoir vendu ma marchandise.

— Et pour combien avez-vous là de fleurs?

— Pour vingt-deux francs soixante-quinze; c'est la vérité pure, ma petite dame, la mère Brunot n'a jamais menti.

— Eh bien, mère Brunot, je vous achète vos fleurs, toutes vos fleurs, les violettes, le réséda, les œillets, le chèvrefeuille, les giroflées, tout enfin, et je vous en donne cent francs. Les voici... »

La mère Brunot faillit tomber sur une borne.

« Ah! vous êtes un ange du bon Dieu!

— Non, mère Brunot, non; je suis tout simplement une ancienne ouvrière de cette fabrique, à qui vous fîtes plus d'une fois crédit d'un bouquet de roses; prenez donc ces cinq louis.

— Mais qu'allez-vous faire de cette charretée de fleurs? Elles n'entreront jamais dans votre voiture.

« — C'est juste, mère Brunot; savez-vous combien il y a d'ouvrières dans la fabrique?

— Si je le sais, bonne dame! elles sont à peu près une soixantaine.

— Eh bien, faites le plus vite possible soixante bouquets, qu'à la sortie vous offrirez, de ma part, à chaque ouvrière de la fabrique. »

Et la jeune femme s'élançant vivement dans son coupé, au grand trot de ses chevaux et fouet claquant, disparaît comme une apparition féerique aux regards stupéfaits de la mère Brunot.

Pour en finir avec les bouquetières, il ne nous reste plus qu'à visiter les nombreux marchés aux fleurs de Paris.

V

LES MARCHÉS AUX FLEURS.

Le campement des fleurs. — Marchandes et clients. — La mère Pitois. Les fleurs d'hiver. — La revanche du printemps.

Un espace désert et silencieux, que dorent à peine les premiers rayons de soleil, où trottine en gazouillant un pinson matinal.

Tout à coup, des voitures arrivent en faisant crier les pavés, et des tentes se dressent, comme par enchantement, de tous côtés.

C'est le campement des roses et des marguerites, des violettes et des giroflées ; un comptoir s'improvise entre deux chaises, et des pots de fleurs s'alignent tout du long, selon la taille des arbustes, en tuyaux d'orgues, comme des enfants sur un banc d'école.

C'est un marché aux fleurs, l'une des choses les plus curieuses et les plus charmantes de Paris.

Il n'y avait jadis que trois ou quatre marchés aux fleurs ; aujourd'hui, chaque quartier a le sien, comme il a son église et son école.

Rien de frais, de riant, de mouvementé comme ces halles aux fleurs.

Pour ceux qui n'ont pas d'emplettes à faire, c'est un lieu de promenade et de rendez-vous ; c'est un tableau dont les yeux ne sauraient se lasser.

Les jours suivants, nous retrouverons les mêmes marchandes dans un autre quartier de Paris, où, de la même voix engageante et flûtée, elles vous offriront la même plante ou la même fleur.

Après la Madeleine, le Château d'Eau, Saint-Sulpice, la place Lobau, le quai aux Fleurs.

Rude est le métier de la marchande de fleurs. D'ordinaire, elle habite un village des environs de Paris, où elle cultive ses plantes ; c'est là

Fig. 9. — Elle habite un village où elle cultive ses plantes.

tout ensemble une pépinière, une serre et un jardin.

Dès quatre heures du matin, elle arrive dans Paris avec sa voiture chargée de pots, de caisses et de bourriches. Elle s'installe et débite sa marchandise, parfois sous un soleil brûlant, un vent furieux ou des ondées ruineuses. Le soir, la voiture vient reprendre les plantes et les fleurs non vendues, qui retournent à la campagne.

Avant de prendre congé des marchandes de fleurs, il convient de dire un mot de leur vénérable doyenne, Louise Pitois, morte en 1855, à l'âge de quatre-vingt-dix-sept ans, à Nanterre, qu'elle habitait depuis plus d'un demi-siècle.

Fille d'un jardinier du petit Trianon, elle avait souvent approché Marie-Antoinette, et la mère Pitois était naturellement plus royaliste que ses lis. Très intelligente et pleine de mémoire, la mère Pitois aimait beaucoup à causer de Marie-Antoinette et de la Révolution.

« Je me souviens de la reine, disait-elle, comme si je l'avais vue hier. Un jour, une jeune dame m'ayant rencontrée à la porte du petit Trianon, où je faisais la toilette d'un pied de lavande, elle me prit par la main et m'amena à la reine qui lisait sous un bosquet de chèvrefeuille.

« Comme j'étais fort proprette et très gentille, Marie-Antoinette m'embrassa. La dame d'honneur qui m'avait présentée à la reine s'appelait madame de Lamballe. »

Deux ans avant sa mort, la mère Pitois avait vu s'obscurcir sa mémoire et sa raison. Dans sa douce folie, elle aimait à revivre les jours de son enfance au petit Trianon, attendait tous les jours Marie-Antoinette sur le seuil de sa maisonnette et causait en imagination avec sa jeune protectrice, la princesse de Lamballe.

Aimant passionnément les fleurs, on la rencontrait dans les environs de Nanterre, portant dans ses bras un éternel rosier en pot, comme Grassot, de désopilante mémoire, pressait sur son cœur le fameux pot de myrthe du *Chapeau de paille d'Italie*.

Et quand on demandait à la vieille bouquetière ce qu'elle faisait de son rosier :

« Je le porte, répondait-elle, à Marie-Antoinette.

On raconte qu'à Sainte-Hélène, les dernières paroles de Napoléon agonisant furent celles-ci : « France... tête... armée... »

La mère Pitois s'éteignit un soir d'automne, sur un vieux banc de son jardin, en prononçant ces mots, qui semblaient résumer le travail et l'affection de toute sa vie : « Rose... violette... giroflée... »

Passons aux serres de la Ville.

VI

LES SERRES DE LA VILLE.

Garde-plantes et garde-fleurs. — Maison d'été et maison d'hiver. — Les plantes officielles. — Les fleurs qui vout dans le monde. — Ce que pourrait dire un palmier. — Le lendemain du bal.

Les vastes serres de la Ville, qui dernièrement ont quitté Passy pour s'installer plus largement à Auteuil, alimentent de verdure et de parfum les squares, les parcs et les jardins. Ces serres sont la grande pépinière de la cité, en même temps que son garde-plantes et son garde-fleurs.

Lorsqu'en sortant du bois de Boulogne on pénètre dans les serres de la Ville, on se croirait transporté dans un coin de la Guyane ou du Brésil : partout des palmiers et des cycas, des fougères arborescentes aux rameaux frêles et tom-

Fig. 10. — Le cyca.

bants, des bananiers superbes, des bambous majestueux, des azalées aux vastes envergures, globes énormes de fleurs blanches ou roses ; des magnolias aux senteurs enivrantes, des cactus prodigieux, des aloès qui ne fleurissent que pour mourir, des caoutchoucs au brillant feuillage, des lianes capricieuses et vagabondes qui s'élancent d'un arbre à l'autre, l'entortillant, serpentant, pour s'incliner et flotter dans l'espace comme la branche d'un saule.

C'est un tableau des tropiques, une échappée saisissante et pittoresque sur l'Équateur, c'est l'Inde, c'est l'Afrique, c'est l'Amérique sous verre, j'allais dire sous un globe colossal.

Quelques-unes de ces belles plantes et de ces fleurs passent la saison d'hiver dans nos squares, emmaillottées avec une sollicitude maternelle, abritées soigneusement par des cabanes ou des guérites ; les autres s'en reviennent jusqu'au printemps prochain dans les serres d'Auteuil, où elles retrouveront, à l'abri des pluies et des vents glacés, la température du pays natal.

Elles ont ainsi leur maison d'été et leur maison d'hiver.

Les plantes et les fleurs de la Ville remplissent un autre office que celui d'orner nos squares, d'égayer nos parcs et nos jardins.

Elles sont destinées aussi à aller dans le monde, à briller dans les fêtes officielles, à répandre leur parfum aristocratique dans les grandes réceptions de l'Élysée, des ministères et des ambassades.

Grâce à elles, l'architecte improvise des galeries charmantes, tapisseries de feuillage, ponctuées de roses et de camélias, de jasmins étoilés, de fleurs blanches, qui serpentent sur un treillage d'or, et de clématites capricieuses, qui mirent coquettement leur blonde chevelure dans l'eau des fontaines murmurantes.

Il y a tel palmier qui, depuis trente ans, se promenant chaque hiver d'un salon à l'autre, a fait, pour ainsi dire, le tour du monde officiel et assisté, dans sa caisse respectée, à deux ou trois révolutions.

Que de choses il pourrait nous dire et nous ap-

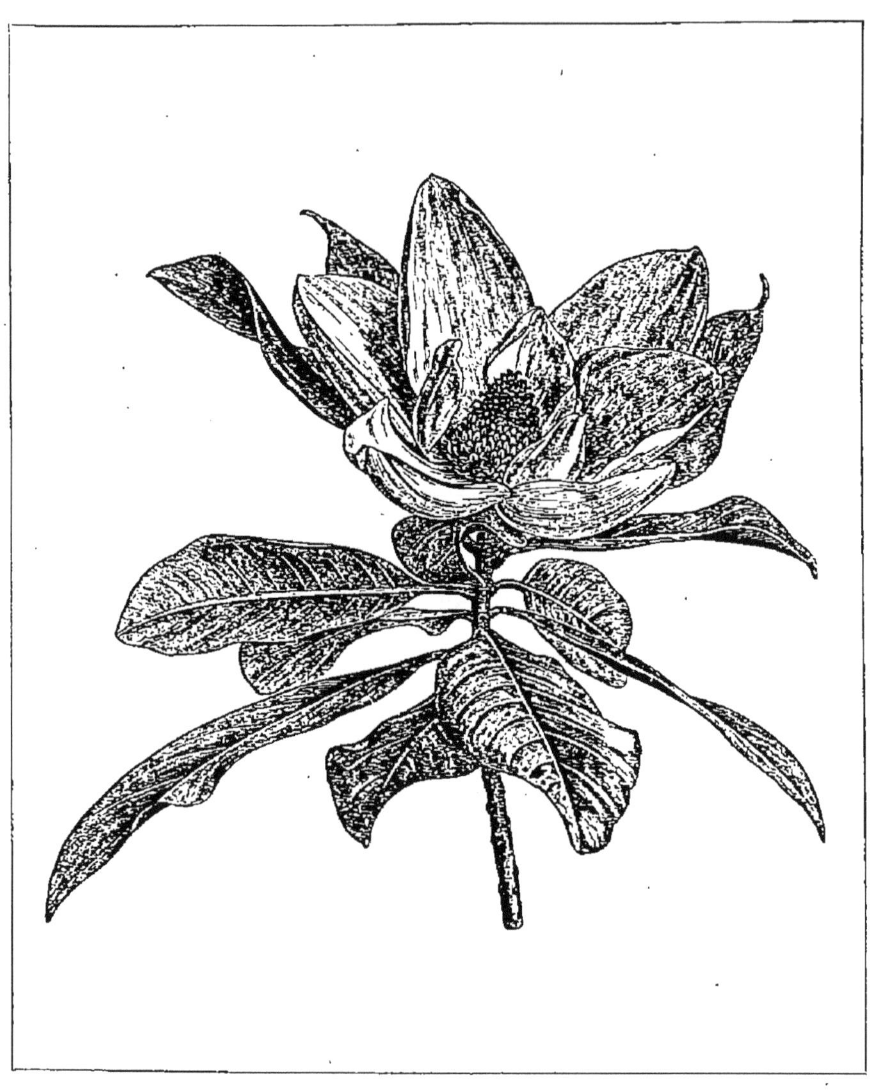

Fig. 11. — Fleur de magnolia.

prendre, s'il pouvait parler! Que de confidences intimes et de secrets politiques ont été échangés sous ses rameaux discrets, aux sons favorables des orchestres!

Le lendemain de la fête, on peut voir, le long des avenues, ces plantes et ces fleurs mondaines, on pourrait dire administratives et politiques, se balancer tristement, sur le chariot cahoté qui les ramène au logis, c'est-à-dire aux serres de la Ville.

Titubantes et fatiguées sur leur grossier véhicule, les rameaux pendants, les fleurs poudreuses et décolorées, on dirait de pauvres condamnées que l'on traîne à l'échafaud.

Un jour de soins et de repos rendra à ces fleurs mondaines leur parfum et leur éclat, mais, il faut bien le dire, d'aucunes succombent aux fatigues de ces fêtes; elles contractent, à la sortie du bal, un mal terrible, que l'horticulteur est impuissant à guérir, et quand le printemps arrive, elles s'étiolent et meurent : « elles aimaient trop le bal, c'est ce qui les a tuées. »

Après les marchés aux fleurs, les squares et les serres de la Ville qui les alimentent, il nous reste à parler des jardins aériens, qui tapissent de fleurs les terrasses et les balcons des Parisiens.

VII

LES PARTERRES AÉRIENS.

L'horticulture en chambre. — Entre ciel et terre. — Une invasion sur les toits. — Un potager entre quatre planches. — Les fleurs célèbres. — Le fraisier de Bernardin de Saint-Pierre. — Le myrte de Rachel. — Le jasmin de Bonaparte. — Le rosier du père Duranton.

Je ne sais rien de curieux et de sympathique, de poétique et de charmant, comme cette horti-culture en chambre, ces jardins minuscules, ces parterres aériens qu'un verre d'eau arrose, qui s'épanouissent entre ciel et terre, à soixante ou quatre-vingts pieds au-dessus de la rue.

Ici, des guirlandes de liserons menacent d'entrer par la fenêtre, se penchent ensuite dans l'espace comme s'ils voulaient voir ce qui se passe dans la rue, ou bien s'accrochent au toit comme s'ils prétendaient grimper jusqu'au ciel.

Là, le parterre se change en potager : entre les quatre planches d'une caisse peinte en vert, poussent à l'envi du persil, du cerfeuil, de la civette, du thym, de l'estragon aux pénétrantes senteurs ; assaisonnements précieux que la ménagère aura toujours sous la main : il lui suffira d'ouvrir la fenêtre pour faire sa provision.

Plus loin, de grands lauriers-roses, des cactus et des orangers, des grenadiers tordus, piqués de fleurs écarlates, des palmiers à éventail s'étalent avec orgueil sur les balcons dorés des somptueux hôtels. Cela vous a un petit air babylonien qui fait penser à Sémiramis.

Mais je garde mes sympathies pour ces parterres des mansardes, où trottinent les pierrots et passent les hirondelles, tandis qu'un chat paresseux, fermant à demi ses beaux yeux d'or, sommeille, les pattes repliées et la queue allongée, au pied d'une giroflée blanche, comme un tigre sous un figuier de l'Inde.

Combien de ces jardinets aériens, de ces fleurs sous les toits sont restés célèbres dans l'histoire !

Fig. 12. — Les guirlandes de liserons menacent d'entrer par la fenêtre.

Rue de la Montagne-Sainte-Geneviève, un beau vieillard, accoudé à son étroite fenêtre, reste des heures entières en extase devant un fraisier, dont les rameaux vagabonds envahissent en serpentant toute la balustrade. Cet homme, c'est Bernardin de Saint-Pierre, qui, dans une plante, a découvert un monde.

Rue du Temple, dans une humble mansarde, une enfant maigre et pâle, au type israélite, arrose, de ses doigts effilés, un myrte dont elle parlera plus tard dans ses lettres intimes.

Un jour, cette pauvre enfant s'appellera Rachel !

Là-haut, sous les toits, au dernier étage d'une vieille maison du quai Conti, fleurit un jasmin, que taille avec sollicitude un jeune officier, à l'air méditatif et grave.

Plus tard, le jasmin du quai Conti se changera en laurier, étendra ses rameaux prodigieux des Tuileries à Notre-Dame et couvrira l'Europe de son ombre. Le jeune officier, c'est Bonaparte.

Ces parterres aériens, qui tiennent entre les

deux battants d'une fenêtre, sont bien loin sans doute des jardins suspendus de Ninive et de Babylone ; mais ce jardinet, grand comme la main, et dont les fleurs ressemblent à des étoiles tombées sur les toits, est cher à l'ouvrière, qui soigne comme des enfants ces douces plantes du ciel et du foyer.

Une plante autrefois fameuse dans le quartier latin, c'était la clématite qui ombrageait la fenêtre du grand jurisconsulte Duranton, doyen de la faculté de droit, et que les étudiants appelaient familièrement le père Duranton.

De gros souliers ferrés, une longue lévite à basques flottantes, un col en crin, façon Royer-Collard et Guizot, une bonne figure rougeaude, des sourcils épais, la bouche spirituelle et les yeux pétillants de finesse, avec un chapeau à larges bords, enfoncé comme par un coup de poing sur cette figure de paysan du Danube, tel était le père Duranton, — un puits de science et de bonté.

Mais, un jour, il s'éprend d'une belle amitié pour un rosier, et la clématite, qui depuis près de vingt ans ombrageait et parfumait son cabinet de travail fut détrônée dans son cœur.

Voici l'histoire. Il y avait à cette époque un jardin rustique, moitié pépinière et moitié potager, qui, dépendant du grand jardin du Luxembourg, s'étendait entre l'allée de l'Observatoire et la rue d'Enfer.

Un passage, peu connu et peu fréquenté, bordé de vignes et de figuiers, livrait une voie commode aux initiés qui se rendaient au Panthéon.

Un jour, comme le père Duranton traversait ce passage, il remarque un énorme rosier, obstrué d'herbes parasites et chargé de chenilles.

L'illustre jurisconsulte ne fait ni une ni deux, il enjambe la palissade, tire un eustache de la poche de sa redingote, râcle, nettoie, émonde le rosier, lui faisant une toilette complète, qui n'était pas du luxe. Un jardinier survient :

« Que faites-vous là, monsieur Duranton?

— Ce que vous devriez avoir fait vous-même, malheureux! Est-il possible de négliger ainsi une aussi belle plante!

— Ah ! que voulez-vous ! il y a tant de travail au Luxembourg et nous sommes si peu de bras !

— C'est bien ! je me charge à l'avenir de ce

Fig. 13. — La clématite.

pauvre rosier, qui, je crois bien, doit être aussi vieux que moi. »

Tout le monde, au Luxembourg, connaissait le père Duranton, qui se plaisait, dans ses fréquentes promenades, à échanger des prises de tabac avec les gardes et les jardiniers.

L'administration lui abandonna courtoisement la culture et les fleurs du rosier qu'il avait pris sous sa protection, et les étudiants qui désiraient se concilier les faveurs du maître n'avaient pas de plus sûr moyen que celui de louer ses belles roses.

Un matin d'hiver, le père Duranton arrive à l'École de droit, détache son grand manteau aux agrafes d'argent et gravit, avec une tristesse inaccoutumée, les marches de sa chaire.

Les étudiants alignent leurs cartons, débouchent les encriers, apprêtent leur plume. Le célèbre professeur va commencer son cours; on écoute :

« Messieurs, dit le père Duranton, vous me voyez très affligé. Il a fait cette nuit un froid terrible et mon pauvre rosier du Luxembourg est gelé... Je n'ai plus que ma clématite. »

Puis, après un moment de silence, le vieux professeur commence sa leçon :

« Messieurs, l'empereur Justinien... »

Maintenant, quittons les jardins aériens pour

visiter les jardins funèbres, qui entourent pieusement les tombes des cimetières.

Du ciel, pour ainsi dire, nous ne descendons pas sur la terre, mais dans la terre même d'où sortent les plantes et les fleurs des morts !

VIII

LES JARDINS FUNÈBRES.

Les offrandes du souvenir et du regret. — Les monuments de marbre et
la croix de bois. — Le jour des morts. — La fosse commune. — Les
voleurs de fleurs. — Les fleurs de cimetière. — Le romarin des tombeaux. — Les immortelles et les buis. — La toilette des tombes. —
La fiancée de Bories. — La crémation. —Urnes et tombeaux.

Savez-vous quelque chose de plus touchant
que ces jardins funèbres, que ces parterres de
souvenir et de deuil, qui fleurissent les croix et les
tombes dans nos grandes nécropoles parisiennes?
Aucune ville du monde n'a autant que Paris le
culte des morts.

Autour des cimetières s'alignent des boutiques
de marchands de fleurs mortuaires, et, il faut bien
le dire, il y a peu de fleurs aussi chères que ces
plantes vendues au regret et à la douleur. Les jardiniers des cimetières n'ont jamais fait faillite, ils

se font au contraire de fort honnêtes bénéfices en fleurissant les tombes étrangères.

C'est surtout le 2 novembre et le jour de la Toussaint que les jardiniers et les marchands de fleurs font des affaires d'or.

Pour eux, comme pour les pauvres morts, ce premier jour d'hiver est un jour de fête et de printemps. Il suffit d'avoir été une seule fois au Père La Chaise à cette époque pour se souvenir des quantités prodigieuses de plantes et de fleurs, de couronnes et de bouquets qui s'amoncellent autour des tombes.

Quelles sont les fleurs des cimetières ? l'immortelle d'abord, dont il se fait une consommation prodigieuse, les myrtes, les buis et les fusains, arbustes toujours verts, symboles d'espérance et d'immortalité; c'est le chrysanthème, fleur d'automne et d'hiver, qui fleurit quand il n'y a plus de fleurs ; c'est le romarin des tombeaux, dont les feuilles délicates et les fleurs bleues sont d'un touchant effet, mêlées à l'azur des myosotis et à l'or des immortelles.

Fig. 14. — La vente des fleurs le jour des Morts.

Jadis, ceux qui suivaient les enterrements te-
naient à la main des branches de romarin et en
recouvraient les cercueils.

Vers 1840, en Volhynie, des savants constatè-
rent un événement végétal aussi curieux que touchant.

La comtesse Louvinska, une Polonaise, per-
dit une fille charmante, âgée de quinze ans,
qu'elle adorait.

Cette mère désolée ne voulut confier à personne
le soin de rendre à son enfant les derniers devoirs,
qui, dans ces pays, se remplissent avec une im-
portance beaucoup plus intime que dans d'autres
parties de l'Europe.

Après avoir peigné les cheveux de la morte,
lavé et paré son corps, la comtesse Louvinska
ceignit la tête inerte de l'enfant d'une couronne
de romarin.

Puis on transporta la jeune défunte dans le
caveau qui servait de sépulture à la famille.

Obligée de voyager pendant quatre ans, la comtesse, dès son retour, voulut revoir les restes de

sa fille : elle fit ouvrir sa tombe, où l'on ne trouva plus que des ossements.

Le reste de la dépouille mortelle avait été absorbé par un énorme buisson de romarin.

Les branches qui avaient formé la couronne funéraire avaient jeté des racines et végété dans le sombre asile.

Transporté dans la partie la plus solitaire de ses jardins, ce romarin d'outre-tombe devint l'objet d'une sorte de culte pour la mère, qui, auprès de cet arbuste, pleurait sa fille avec moins d'amertume.

Fleurs de cimetière, fleurs poétiques et simples ! Eh bien, il se trouve des gens pour dérober ces offrandes du souvenir et du regret.

Un jour, Mme de R... se rend au Père La Chaise pour prier, selon sa pieuse coutume, sur la tombe de sa mère. Elle s'aperçoit que des fleurs, déposées la veille par elle-même, ont disparu.

Comme elle allait quitter le cimetière, elle remarque une femme du peuple aux yeux rougis, au teint pâle, qui s'approche furtivement de la tombe dépouillée, y prend un pot de chrysan-

Fig. 15. — Le chrysanthème.

thème, le cache sous son tablier et s'enfuit d'un pas rapide.

Mme de R... la suit et la voit déposant les

fleurs qu'elle lui a dérobées sur une petite tombe d'enfant. Elle interroge aussitôt la voleuse, qui, surprise et confuse, avoue son larcin impie en implorant la pitié de Mme de R...

Justement cette dernière avait perdu, comme cette femme du peuple, une enfant qu'elle adorait. Loin de dénoncer la voleuse de cimetière, elle se chargea de fournir désormais à l'entretien de la tombe de son enfant.

Quelles histoires attendrissantes et poétiques pourraient raconter ces fleurs de cimetière!

Vers 1855, sur un modeste cercueil, sortant de l'église de Saint-Germain-des-Prés, les passants stupéfaits remarquaient des centaines de bouquets de violettes fanées.

La morte était la fiancée de Bories, l'un des quatre sergents de la Rochelle, mort sur l'échafaud en 1822, pour avoir conspiré en faveur de la République.

Tout Paris avait connu cette femme, qui a figuré dans les *célébrités de la rue* et qu'on appelait communément la « vieille aux violettes ».

De son vrai nom, elle s'appelait Louise Pichon. Quelques heures avant de monter sur l'échafaud, le sergent Bories avait prié l'aumônier de la prison de faire remettre à sa « promise » un bouquet de violettes, mission qui fut religieusement remplie.

Le jour même de l'exécution de son ami, Louise Pichon devint folle, et, pendant plus de trente ans, on la vit à travers Paris, surtout dans le faubourg Saint-Germain qu'elle habitait, se promener avec un bouquet de violettes au corsage, bouquet en quelque sorte sacré, qu'elle renouvelait chaque semaine, aussi bien l'hiver que l'été. Tous ces bouquets, elle les recueillait flétris dans une vieille armoire, où on les retrouva tous amoncelés le jour de sa mort. Elle avait demandé que ces fleurs, qu'elle n'avait jamais quittées et dans lesquelles revivait pour elle le souvenir du fiancé qu'elle avait perdu, fussent jetées dans sa fosse.

Et c'est ainsi que ce tas de violettes fanées, accusant près d'un demi-siècle de regrets et de fidélité, accompagnèrent la pauvre folle au fond de la tombe.

Un soir de l'été de 1870, à une table d'un café du boulevard, deux jeunes gens étaient assis ; c'étaient le comte de Néverlée, un des plus brillants officiers de notre armée, et Ernest Baroche, le héros futur du Bourget.

Un monsieur, à la physionomie franche et distinguée, vint serrer la main de Néverlée, et prit place à sa table.

Presque au même instant, un jeune homme, à l'air un peu triste, s'arrêta devant le café, où il semblait chercher quelqu'un. Sur un signe de son ami Baroche, il sourit et vint s'asseoir à ses côtés.

Le premier était le comte René de Dampierre, le second, un peintre déjà célèbre, Henri Regnault, qui avait interrompu son voyage au Maroc pour prendre part à la guerre.

Baroche, Néverlée, Regnault, Dampierre, se mirent à parler des choses dont tout Paris parlait : des événements qui se préparaient et des

Fig. 16. — Le camélia.

probabilités de la guerre où ces quatre jeunes gens, réunis par le hasard, devaient trouver la mort, — une mort retentissante et glorieuse, à la fleur de l'âge.

Néverlée, la bravoure; Baroche, la jeunesse; Regnault, le talent; et Dampierre, la noblesse, ils étaient là, tous les quatre, marqués pour la gloire et pour la mort, ne prévoyant pas assurément les malheurs de la patrie, et leur propre spectre debout à leur côté.

Une petite bouquetière du boulevard vint à passer, des camélias à la main.

Regnault, qui adorait les fleurs, en véritable artiste qu'il était, fit signe à l'enfant et choisit quatre fleurs que se partagèrent les quatre jeunes gens.

Quelques mois plus tard, le peintre Regnault tombait à Montretout, Néverlée à Champigny, Baroche au Bourget, de Dampierre à Bagneux. Les quatre camélias du boulevard des Italiens venaient de se changer en immortelles!

Depuis quelques années la crémation ou, si on le préfère, le brûlement des corps, est en grande faveur, et il paraît qu'il vaut mieux, d'après l'opinion de quelques savants, être brûlé qu'enterré.

. Mais remplacez ces tombes par des urnes, et vous n'aurez plus ces pèlerinages que je viens de retracer, ces touchantes visites, ces doux entretiens avec les défunts, ces parterres funèbres, ces jardins des morts, où il semble, à l'affection des vivants, que l'essence des âmes se mêle au parfum des fleurs.

Sous cette pierre, qu'une plante recouvre, qu'une fleur parfume, il nous semble voir la personne qui nous est chère, les paupières closes, endormies ; et nous faisons silence, comme si nous craignions de l'éveiller par le bruit de nos pas.

C'est là la majesté de la mort.

Quittons les morts, que nous rejoindrons un jour, demain peut-être, pour retourner au milieu des vivants et jeter un regard curieux sur les fleurs industrielles et médicinales, sur la flore, assez inconnue de Paris, qui pousse éparpillée, inaperçue, ignorée, dans les anfractuosités des maisons, entre les pavés des rues peu fréquentées, au pied des édifices, ou sur le faîte des murailles.

IX

FLEURS INDUSTRIELLES ET MÉDICINALES.

Le bocal et l'alambic. — L'hygiène et la toilette. — Herboristes et parfumeurs. — Ce que disent les fleurs. — La flore naturelle et libre de Paris. — Un herbier sans pareil. — Les plantes et les ruines.

Prodigieuse est la quantité des fleurs utiles, industrielles et médicinales qui arrivent à Paris, qu'absorbent la toilette et la médecine, qu'utilisent sur une grande échelle herboristes, pharmaciens et parfumeurs.

Bienfaisante et précieuse est la mission de ces plantes et de ces fleurs qui ne fleuriront aucun corsage ; les unes recèlent le soulagement et la santé dans le bocal du pharmacien ; les autres abandonnent leur parfum à l'alambic du chimiste.

Les parfumeurs s'approvisionnent surtout dans

le midi de la France, dans la Provence et le Languedoc, à Grasse, à Nice, à Hyères, à Toulouse, à Montpellier, à Foix, à Pau, à Perpignan.

La flore de ces contrées bénies, qu'abreuve de ses rayons un soleil de printemps, en est l'ornement, le charme et le rapport. Là-bas, on est riche de violettes, de roses, de verveines, de romarin, d'œillets, comme ailleurs on est riche de vignes ou de froment.

Ces fleurs aromatiques ne vivent pas long-temps ; elles fleurissent, on les coupe ; elles se fanent, elles ne sont plus ; mais leur parfum recueilli tombe goutte à goutte sur un mouchoir brodé ou sur des gants aristocratiques, et s'enferme dans un flacon de cristal comme un souvenir embaumé du printemps.

Les herboristes et les pharmaciens, les hospices, les infirmeries, reçoivent des quantités énormes de fleurs et de plantes, récoltées dans les environs de Paris.

Pour mon compte, je trouve pittoresque la boutique de l'herboriste, avec ses guirlandes de fleurs desséchées, ses bouquets pendants, ses plantes flétries aux molles et pénétrantes sen-

Fig. 17. — L'œillet.

teurs qui me rappellent les parfums, si rustiques, des foins coupés. On dirait un musée d'antiquités végétales, étalées devant la porte et le long des murs.

Ces plantes, ce sont les vraies plantes du bon Dieu, venues sous un rayon de soleil, en plein air, au caprice des vents, sur la lisière des bois ou sur le bord des rivières. Dieu les donne, et l'homme les fait payer, quelquefois même assez cher.

Chose étrange et assez ignorée : Paris, la grande ville tumultueuse, faite de poussière et de boue, remuée, piétinée, bouleversée, battue et rebattue sans cesse, a sa flore naturelle et libre, comme un champ, une montagne, une forêt.

Tout dernièrement, une revue scientifique racontait qu'un chef de bureau dans un ministère s'était distrait, pendant trente ans, à recueillir avec soin toutes les plantes qu'il rencontrait sur son passage en se rendant à son bureau.

De ces plantes inaperçues, de ces herbes et de ces fleurs dédaignées, recueillies sur un mur, dans l'anfractuosité d'une maison, dans les fentes d'un escalier, entre les pavés d'une cour ou d'une rue solitaire, ce bizarre et patient collectionneur était arrivé à composer un herbier unique dans son genre, contenant plus de cent plantes diverses.

Après leur destruction par l'incendie, les Tuileries et la Cour des Comptes nous ont donné le spectacle d'un flore spontanée, aussi variée qu'étonnante.

Des botanistes qui ont visité les ruines de la Cour des Comptes sont restés stupéfaits devant les herbes et les fleurettes qui ont poussé à travers les décombres, devant les plantes qui grandissent, grimpent et serpentent de tous côtés, comme si elles voulaient faire à ces ruines lamentables un voile de verdure et d'oubli, comme si elles voulaient dérober au regard de l'étranger ces monuments douloureux de luttes fratricides et de folies humaines. On sait que ces plantes, ces herbes et ces fleurs, qui s'en donnent à cœur joie, à racine et à feuille que veux-tu, au milieu des murs ébranlés et noircis, des fenêtres béantes, des arceaux sans porte, des escaliers sans rampe, ont été apportées en ces lieux funèbres par le vent et par les oiseaux.

Je viens de conduire mes jeunes et bienveillantes lectrices au bal, au théâtre, au concert, dans les squares, les serres et les jardins de la Ville, aux marchés aux fleurs, aux halles, aux cimetières, et nous avons grimpé ensemble jusqu'aux parterres aériens qui fleurissent les balcons et les terrasses.

Elles doivent être un peu fatiguées ; je leur propose un instant de répit pour leur présenter quelques plantes célèbres et d'illustres amateurs de fleurs.

X

LES AMATEURS DE FLEURS.

Les bruyères de Georges Sand. — Les balsamines de M. Thiers. — L'églantier de Chateaubriand. — Le chèvrefeuille d'Alfred de Musset. — Les lis de Berryer. — Les roses de Lamartine. — Les giroflées de Villemain. — Les lavandes du maréchal Bugeaud. — Le fleuriste d'Alexandre Dumas. — Alphonse Karr. — Les roses blanches de Charles Nodier.

Georges Sand, à qui l'on vient d'élever une statue, adorait les fleurs et tout particulièrement les fleurs pauvres, les plantes rustiques qui poussent dans les vallées sauvages, au bord des étangs et des rivières fréquentés par les martres, les *fadets* et les *laveuses de nuit.*

Ses bucoliques berrichonnes respirent les frais parfum d'un parterre champêtre, ou les molles senteurs d'un herbier choisi, rapporté des rives de la Creuse. Les fleurs aimées qu'elle cite souvent dans ses livres, ce sont les genêts d'or et les bruyères roses, surtout les bruyères, dont les clochettes agitées par le vent rendent un murmure si poétique.

A Nohant, les vases de son salon étaient toujours pleins de bruyères.

M. Thiers aimait les balsamines, c'était sa fleur de prédilection. Un jour, que j'avais été lui faire visite, il me dit de sa voix aimable et flûtée :

« Maintenant que je vous ai montré mes livres et mes faïences, venez au jardin, et vous verrez mes balsamines. »

Ah! comme il s'extasiait devant leurs couleurs splendides : roses, violettes ou blanches! Puis, pressant entre ses doigts la cosse mûre, il prenait un plaisir d'enfant à lancer les graines.

Chateaubriand nous a appris qu'aucune fleur ne lui était plus chère que le fragile églantier qui poussait dans sa retraite de la vallée aux Loups, près de Sceaux.

Un jour, il prit fantaisie au chantre d'*Atala*

de faire un bouquet de ces fleurs des bois et de les porter à Paris, chez Mme Récamier.

Il se figurait, le grand poète, que ses roses champêtres arriveraient aussi fraîches qu'il les avait cueillies.

En voyant ces fleurs sauvages, sa vénérable amie ne put réprimer un éclat de rire : toutes les roses étaient fanées !

Les roses, hélas ! passent encore plus vite que la gloire.

Alfred de Musset était un amant passionné des plantes et des fleurs ; il s'arrêtait souvent devant les vitrines des grands fleuristes, entrait, s'asseyait, et marchandait toujours des plantes rares, qu'il

Fig. 18. — La bruyère à fleurs roses.

n'achetait jamais. Puis, il s'en allait, emportant dans son cerveau de poète l'éclat des roses et le parfum des lilas.

Sa fleur de prédilection, c'était le chèvrefeuille, cette plante délicate et capricieuse comme son génie. Sa plante aimée, on le sait, était le saule pleureur :

> Mes chers amis, quand je mourrai,
> Plantez un saule au cimetière ;
> J'aime son feuillage éploré,
> La pâleur m'en est douce et chère ;
> Et son ombre sera légère
> A la tombe où je dormirai.

Dans le petit jardin que cultivait Berryer, à son rez-de-chaussée de la rue Croix-des-Petits-Champs, fleurissaient de beaux lis qui lui avaient été envoyés de Frohsdorf.

Après une plaidoirie retentissante au palais ou un discours immortel à la Chambre, Berryer arrivait dans son petit jardin, se dépouillait de son légendaire habit bleu à boutons d'or et arrosait ses lis, comme, après Rocroi, le grand Condé

arrosait ses œillets ; ce qu'il y a de curieux, c'est
que, dans ce travail de jardinage politique, le

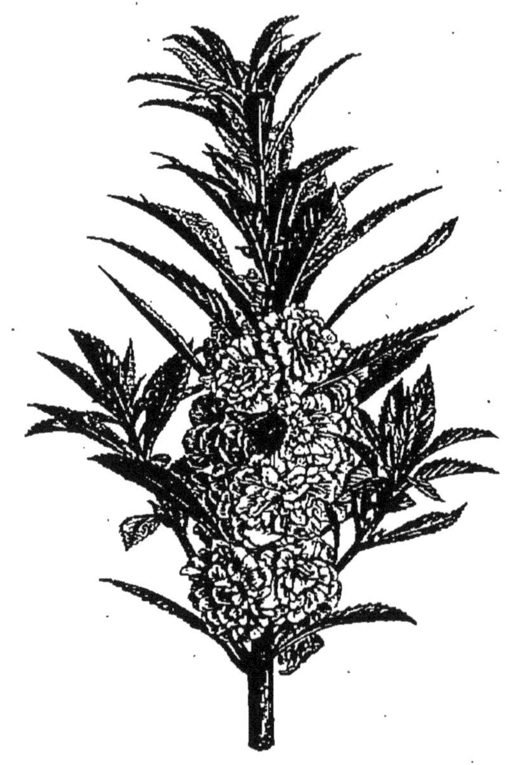

Fig. 19. — Balsamine.

grand orateur était aidé par son illustre voisin
et ami, l'avocat Marie, ministre républicain de la
justice en 48.

« Arrosons, disait-il, arrosons, mon vieux

Berryer ; ce ne sont pas tes lis qui ramèneront la royauté. »

Ce fut l'Empire qui vint et, pour percer une rue, d'un coup de pioche, un décret d'expropriation bouleversa le jardin des deux amis.

Je me souviens d'avoir été chez Lamartine, à ce joli chalet du bois de Boulogne que lui avait offert la ville de Paris. Je le trouvai perché sur une échelle, taillant, échenillant des rosiers à belles fleurs blanches, qui grimpaient autour de ses fenêtres et entraient jusque dans sa chambre à coucher, comme pour lui souhaiter le bonjour.

Je le félicitai sur ses rosiers.

« Ce sont mes amis, dit-il ; je leur consacre, tous les jours, deux heures de soins. Regardez comme ils me sont reconnaissants, et quelles fleurs splendides ils prodiguent à leur vieux jardinier ! »

Puis, étendant son sécateur avec un geste dédaigneux vers le château de la Muette, dont un chemin le séparait, il ajouta :

« Certes, il y a là, chez Mme Erard, un

Fig. 20. — Chalet et jardin de Lamartine, au bois de Boulogne.

parc magnifique et des charmilles princières, mais je la défie bien d'avoir des roses comme les miennes. »

J'eus l'occasion, un jour, d'aller chez M. Ville-main, à l'Institut. Me voilà devant une maison antique et grave, vraiment académique; une vigne plus qu'octogénaire encadre la porte et ser-pente tout le long des corniches, où trottinent des centaines de pierrots bavards.

Près de la porte, un puits avec une vieille corde et un seau qui se balance sur la margelle; ac-croupi comme un sphinx, un chat de gouttière qui doit appartenir à M. de Sacy, puis un grand escalier aux marches obliques et douces, encore vierges du pied des frotteurs, mais gravi et des-cendu par plusieurs générations de littérateurs et de savants.

Après m'avoir fait admirer ses livres, ses gra-vures, ses autographes, le vieil académicien m'accompagna avec courtoisie jusque sur le seuil de sa porte.

« A propos, me dit-il, j'ai oublié de vous montrer mon jardin, le voici ; levez la tête et ouvrez bien les yeux. »

Du doigt, l'auteur de *Lascaris* me montra un vieux mur, tout ourlé de giroflées touffues, qui lui faisaient comme une guirlande d'or :

« Ce sont, dit-il, mes giroflées à moi! On a voulu réparer ce mur, qui est certainement aussi âgé que mon confrère Lebrun, mais je m'y suis formellement opposé, on aurait pu endommager mes giroflées. »

Et ces yeux si vifs, cachés sous de longs sourcils en broussailles, regardaient avec amour, ce parterre aérien, qui aurait tenu dans un vase.

Dans la correspondance qu'il nous a laissée, le maréchal Bugeaud parle assez souvent d'un pied de lavande, qui se trouvait dans son domaine de la Durantie et auquel il était fort attaché, peut-être par quelque souvenir d'enfance.

Ses lettres se terminaient fréquemment par cette recommandation familière : « Soignez bien le pied de lavande. »

Et quand il arrivait dans sa propriété, après

avoir embrassé sa famille et serré la main à ses amis :

« Allons voir, disait-il, notre vieille lavande. »

Et il se dirigeait gravement vers le bout du jardin.

Un jour, Henri Murger arrive aux bureaux de la *Revue des Deux-Mondes*, avec le manuscrit d'un roman, attendu avec impatience par le directeur, M. Buloz.

« Enfin, vous voilà! s'écrie ce dernier, avec sa brusquerie légendaire; ce n'est vraiment pas dommage. Que faisiez - vous donc? où étiez-vous?

— Moi, répond tranquillement Murger, j'étais aux muguets.

Fig. 21. — La girofiée jaune.

— Aux Muguets? je ne connais pas ce village; où se trouve-t-il?

— Mais ce n'est pas un village, répond Murger en souriant; j'étais à Barbizon, où je vais, tous les printemps, voir fleurir les muguets dans la forêt de Fontainebleau. »

Buloz n'était pas très sentimental et, en fait de fleurs, il n'appréciait guère que la *Revue des Deux-Mondes :*

« Enfant! » murmura-t-il, en regardant avec dédain l'auteur des *Vacances de Camille.*

Non, Murger n'était pas un enfant, mais un poète qui allait aux muguets, comme on va aux fraises ou aux noisettes.

Dans sa villa du Ranelagh, Rossini possédait une collection de jacinthes, dont il était presque aussi fier que du *Barbier de Séville.*

Il prétendait qu'en ébranlant le sol du jardin, le voisinage du chemin de fer et le passage des trains nuisaient à la prospérité de ces fleurs. Nul n'avait le droit de toucher à ses jacinthes; il les soignait lui-même, de cette main fine et potelée qui confectionnait le fameux macaroni auquel l'auteur de *Guillaume Tell* a laissé son nom ; mais j'incline à croire que l'illustre gourmet aurait donné tous les oignons de ses tulipes pour une belle truffe du Périgord.

C'était à l'époque où Alexandre Dumas, dans toute sa gloire, venait de s'installer royalement dans son château de Monte-Cristo, près de Saint-Germain. Il donna une fête splendide, et on parla beaucoup, entre autres merveilles, d'une somme considérable dépensée en plantes et en fleurs décoratives.

Peu de jours après, Alexandre Dumas reçoit la visite d'un gros monsieur en habit noir, les doigts chargés de bagues et les mains gantées de blanc et pleines de fleurs.

« M. Dumas, lui dit-il, j'ai appris que c'était aujourd'hui votre fête : veuillez permettre à un admirateur de votre génie de vous offrir ces modestes fleurs. »

Et avant que Dumas ait le temps de remercier cet étrange visiteur, le personnage aux doigts chargés de bagues disparaît en faisant un salut profond.

Un mois après, Dumas fait paraître un roman à sensation, et le même personnage reparaît à Monte-Cristo, un gros bouquet à la main :

« Monsieur Dumas, dit-il en saluant jusqu'à terre, je viens de lire votre dernier livre, qui est un pur chef-d'œuvre. En témoignage de mon admiration, permettez-moi de vous offrir ce modeste bouquet d'œillets de poète. »

Et le gros monsieur, faisant une grande révérence, se retire, sans que Dumas, grand causeur comme on sait, ait pu seulement ouvrir la bouche.

Quinze jours plus tard, l'auteur d'*Antony* fait représenter, avec un éclatant succès, je ne sais plus quel drame à la Comédie-Française.

Réapparition du gros personnage, qui se présente de nouveau avec de belles fleurs à la main ; il se fait annoncer, on l'introduit.

« Ah ! monsieur Dumas, quel talent ! quelle verve, quel génie ! j'étais hier au Théâtre-Français, et je puis vous dire que je ne fus jamais à pareille fête; votre pièce, Monsieur, est un pur chef-d'œuvre. Permettez au plus sincère admirateur de votre talent de vous offrir ce bouquet de roses. »

Et le gros monsieur, toujours en habit noir, s'apprête à sortir, j'allais dire à s'esquiver; mais, cette fois, Dumas s'élance, lui saisit le bras, le retient.

« Mais, Monsieur, qui êtes-vous donc? votre nom, s'il vous plaît!

— Mon Dieu, monsieur Dumas, pourquoi vous le dirais-je? je suis aussi obscur que vous êtes illustre et je me nomme tout simplement M. Auguste. »

Plus de gros monsieur; la cravate blanche, les bagues et l'habit noir se sont évanouis; seul, un magnifique bouquet de roses parfume de ses douces senteurs le bureau de l'auteur des *Trois Mousquetaires*.

Quelques mois s'écoulent. Un jour, Alexandre Dumas, accompagné de Méry, traversait une rue du faubourg Saint-Germain.

« Tiens, dit Méry à Dumas, regarde donc cette enseigne. »

Et il montre au grand romancier une boutique de fleuriste, avec cette inscription :

AUGUSTE

Marchand de fleurs

FOURNISSEUR PARTICULIER DE

M. ALEXANDRE DUMAS.

Aussitôt, l'auteur de *Joseph Balsamo* descend de voiture et se trouve nez à nez avec l'homme aux trois bouquets, qui paraît très embarrassé à la vue du grand écrivain.

Dumas lui tend la main et lui dit, en souriant, de sa voix gouailleuse et familière :

« Ah ! maintenant, je vous connais, mon cher Monsieur, et je sais qui vous êtes.

— Que voulez-vous, cher maître, lui dit le fleuriste, depuis trois ans que je suis installé ici, je ne vendais pas une giroflée par semaine, et

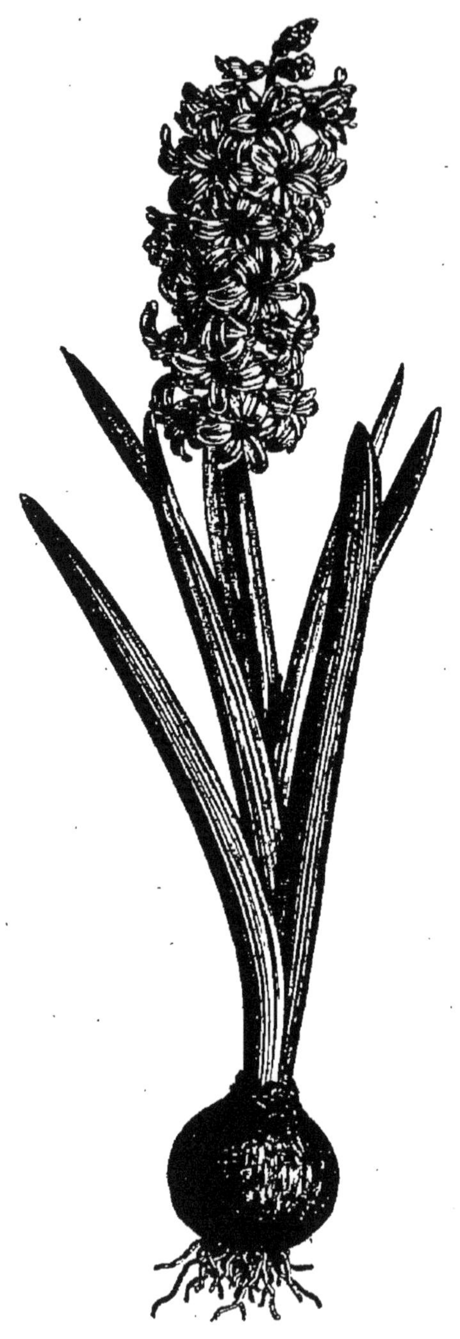

Fig. 22. — La jacinthe.

depuis que je vous ai pris pour enseigne, je fais de l'or !

— Tant mieux, répond Dumas, j'en suis enchanté, mon cher. Eh bien, donnez-moi cette rose que je vais mettre à ma boutonnière. »

Se dérobant à son tour aux remerciements du fleuriste, Dumas remonte vivement en voiture et disparaît.

N'oublions pas Alphonse Karr, le grand amateur de fleurs. L'auteur du *Voyage autour de mon jardin* ne se borne pas à décrire les fleurs en poète et en savant, il les propage et les multiplie, il les perfectionne ; il ne se borne pas à les aimer, il les cultive et il les vend.

Tout le monde sait qu'Alphonse Karr s'est fait depuis longtemps jardinier, et qu'il possède des fleurs incomparables, autour desquelles bourdonnent et butinent ses *guêpes* au corsage d'or.

Autrefois, les poètes mouraient à l'hôpital ; Alphonse Karr, lui, mourra au milieu des jacinthes et des tulipes, dans son ermitage fleuri de Saint-Raphaël, aux environs de Nice.

Charles Nodier était, comme on sait, passionné pour les fleurs. On ne pouvait pas feuilleter un livre de sa bibliothèque sans rencontrer une feuille desséchée, une feuille de menthe, de rose ou de jasmin ; ce qui faisait dire à Mme Ancelot : « Mon Dieu, que les livres de Charles Nodier sentent bon ! »

Jadis, il y avait au Luxembourg une pépinière incomparable, où le célèbre jardinier Hardy, en galoches et en chapeau à haute forme, faisait en plein vent, et en français barbare, des cours très originaux au pied de la statue de Velléda. La collection de roses de cette pépinière était, dit-on, sans rivale.

Un matin, Charles Nodier arrive, un livre sous le bras, s'assied sur un banc, en face du grand massif de roses, dont il aspire en sybarite les exquises senteurs. Au bout d'un instant, un monsieur prend place à côté de l'auteur de *Trilby* : c'est un homme d'une cinquante d'années, aux yeux très doux, au visage rose, à la bouche souriante, vêtu et satisfait comme un bourgeois aisé ;

un petit chien de race mordille, en jouant, ses bottines, soigneusement vernies.

« Voyez donc, Monsieur, dit-il à Nodier, que ces roses sont belles !

— Elles sont admirables, c'est vrai ; mais si vous veniez chez moi, dans mon petit jardin de l'Arsenal, où je suis bibliothécaire, vous verriez des roses blanches, qui se montrent autrement belles et rares que celles-ci.

— Des roses blanches ! reprend l'inconnu, mais ce sont mes fleurs de prédilection. Dans mon petit jardin de la rue de la Roquette, j'en cultive une variété que je crois être sans égale. Mes roses sont les plus belles qui existent.

— Après les miennes, répond en souriant l'auteur de *François les bas bleus;* je m'appelle Charles Nodier, et tout le monde sait que mes roses sont sans pareilles.

— Je connais vos contes inimitables, monsieur Nodier, mais je n'ai pas vu vos roses, et permettez-moi de vous dire...

— Eh bien, interrompit Nodier, je vous attends demain à l'Arsenal.

— Je suis confus de cet honneur, Monsieur; j'irai. »

Et les deux rosophiles se quittent en se serrant la main.

Le lendemain, l'étranger arrive à l'heure fixée, et Nodier lui montre ses roses blanches, dont la vue arrache à l'amateur un cri d'admiration.

« Qu'en pensez-vous? dit Nodier, en croisant les bras sur sa poitrine.

— Je suis forcé, Monsieur, d'avouer que vos roses sont splendides, mais les miennes sont plus belles encore. Je m'appelle M. Legrand et j'habite le numéro 13 de la rue de la Roquette; veuillez me faire l'honneur de venir demain, et vous jugerez vous-même si c'est à vos fleurs ou aux miennes que revient la palme. »

Nodier est exact au rendez-vous.

13, rue de la Roquette. Une petite maison discrète et basse avec des touffes de clématites et des tuiles roses, où se promènent des pigeons blancs.

Fig. 23. — Rose blanche.

A l'intérieur, les sons harmonieux d'une flûte, qui module la ronde de *Robin des Bois*.

Nodier sonne, la musique cesse et, le sourire aux lèvres, les deux mains tendues, l'ami de la veille fait fête à l'auteur de *la Fée aux miettes*.

« Mais c'est charmant, votre retraite, mon cher monsieur Legrand ! Et vos roses, où sont vos roses ? montrez-moi vite vos roses.

— Les voici, » dit le bon bourgeois, en introduisant Nodier dans un vaste jardin, tout rempli de fleurs et de parfums.

Nodier vit les roses blanches de M. Legrand et ne put s'empêcher de reconnaître leur supériorité.

Et comme il allait se retirer en faisant le tour du jardin, il remarqua, dans une sorte de serre, d'admirables lauriers-roses, faisant comme un rideau à une grande machine assez bizarre, chargée de pots de réséda.

« Je n'ai jamais vu autant de fleurs ni d'aussi belles fleurs que chez vous, dit affectueusement Charles Nodier, en prenant congé de son ami Legrand. Quelle vie calme et douce vous devez mener ici ! vous êtes un homme bien heureux, Monsieur. »

Les deux amis se quittèrent, en se promettant

bien de se retrouver souvent à la pépinière du Luxembourg.

Trois jours après cette entrevue, Charles Nodier se promenait boulevard du Temple, au bras d'un vieux magistrat de ses amis. L'amateur de roses de la rue de la Roquette, venant à passer, échange avec Nodier un salut cordial.

« Qui saluez-vous donc, demande le magistrat, en touchant le bras de l'académicien.

— C'est un M. Legrand, dont j'ai fait la connaissance à la pépinière du Luxembourg ; il habite rue de la Roquette et cultive les plus belles roses blanches que j'aie jamais vues.

— Et il coupe aussi les têtes, répond le vieux magistrat d'une voix grave. Votre ami Legrand n'est autre que Monsieur de Paris.

— Comment ! c'est le bourreau ?

— Lui-même ; je l'ai vu à l'œuvre.

— Ah ! je m'explique maintenant cette machine bizarre que j'ai aperçue derrière les lauriers-roses.

— C'était la guillotine ! »

Charles Nodier ne revint plus à la pépinière du Luxembourg, et il cessa d'aimer les roses blanches, qui lui faisaient toujours l'effet de roses rouges.

Il ne me reste plus, chers lecteurs, qu'à vous dire où vont toutes ces fleurs de Paris, que nous avons rencontrées le long de notre route.

XI.

OU VONT LES FLEURS.

Où vont les fleurs? où vont toutes ces fleurs qu'on achète incessamment et, en toutes saisons, sur les marchés de Paris?

Selon leur rareté ou leur prix, elles s'en vont ou mourir dans un vase de Chine, ou se flétrir dans un vase de verre de quinze sous.

Par des soins ingénieux et constants, on prolonge leur vie, on continue leur parfum, leur éclat, mais les heures s'écoulent, les jours sont comptés, et elles ne tardent pas à succomber en famille.

Où vont les fleurs? Elles vont au bal, éblouissantes et parfumées, dans une main élégante, finement gantée, autour d'un gracieux corsage, dans de blonds cheveux ; elles dansent, elles polkent, elles valsent, elles tourbillonnent ; mais quand paraît l'aurore, quand s'éteignent les lustres, brûlées par la lumière, suffoquées par la poussière, fatiguées par la danse, ce ne sont plus que des fantômes de fleurs sur de pâles visages ; elles ont vécu l'espace d'une nuit de bal.

Où vont les fleurs ? Elles vont dans les églises, fleurir les autels, les christs et les madones, mêler leur parfum à l'odeur de l'encens.

Où vont les fleurs ? Elles vont aux noces intimes et joyeuses, blanches fleurs d'oranger dont la pâleur se mêle à l'aimable pâleur des jeunes mariées, fleurs d'espérance et de joie, qu'en sortant de l'église, on divise quelquefois par fragments, que la mariée remet à chacun des parents et des amis.

Où vont les fleurs ? Elles vont au cimetière, sur les tombes aimées ; elles disent : « Nous sommes le souvenir, nous sommes l'amitié, nous sommes l'amour, et nous venons te dire, ô mort regretté, que l'on ne t'oublie pas. »

Que deviennent enfin toutes ces fleurs? où vont-elles encore?

Flétries, jetées au vent, méconnaissables, elles n'excitent même plus l'intérêt du chiffonnier, et ces belles fleurs, qui ont reposé dans des vases précieux, sur d'élégants corsages, dans de beaux cheveux noirs ou blonds, sur des tombes d'airain ou des autels de marbre, elles ne sont même pas dignes d'entrer dans une hotte.

Attendons! le tombereau va passer qui purge la rue de ses immondices et de ses débris, et ces bouquets fanés, épars, que ne sauraient faire revivre toutes les pluies du ciel, s'en iront engraisser les champs, sous cette terre d'où tout sort, où tout rentre.

Mais un jour de printemps peut-être, fleurs de bal et fleurs de cimetière, fleurs d'église et fleurs de noce, fleurs de deuil et fleurs de fête, renaîtront sous les grands arbres, au bord des étangs et des rivières, bluets, pâquerettes ou boutons d'or.

LES FLEURS ÉTRANGES.

LA PASSIFLORE.

Tout le monde connaît cette plante grimpante pleine de légèreté et de grâce, constellée de fleurs aussi éclatantes qu'originales, aussi jolies que singulières.

Au regard qui la contemple attentivement dans son étrange beauté, elle présente, dit-on, la saisissante image de tous les instruments du supplice de Jésus.

La ressemblance, à mon avis, est un peu forcée ; mais, en définitive, cette fleur est bizarre, et il n'y a que la foi qui sauve. Est-ce que nous n'avons pas l'orchis-mouche, l'orchis-abeille, l'orchis-papillon, fleurs vraiment étonnantes, qui portent, au bout de leurs pédoncules, la frappante image de ces insectes qu'on croit voir voler, entendre bourdonner?

Je reviens à la passiflore, nommée par le peuple la *fleur de la Passion*.

Entre les pétales et les étamines de cette fleur, se dressent des filaments pointus, qui figurent la couronne d'épines.

Le pistil est terminé par trois stigmates élargis qui représentent très curieusement les clous. On trouve les marteaux dans les anthères des étamines, qui affectent d'une façon un peu vague l'aspect de cet outil. Enfin, les vrilles de la plante qui accompagnent les feuilles, et dont se sert la passiflore, comme de petits câbles contournés, pour s'attacher à un arbre du voisinage, simulent les cordes de la croix.

Tout cela est fort bizarre et marque une place à la passiflore parmi les plantes étranges.

C'est l'historien espagnol, Pierre de la Cieza, qui crut découvrir ce symbole de la Passion dans

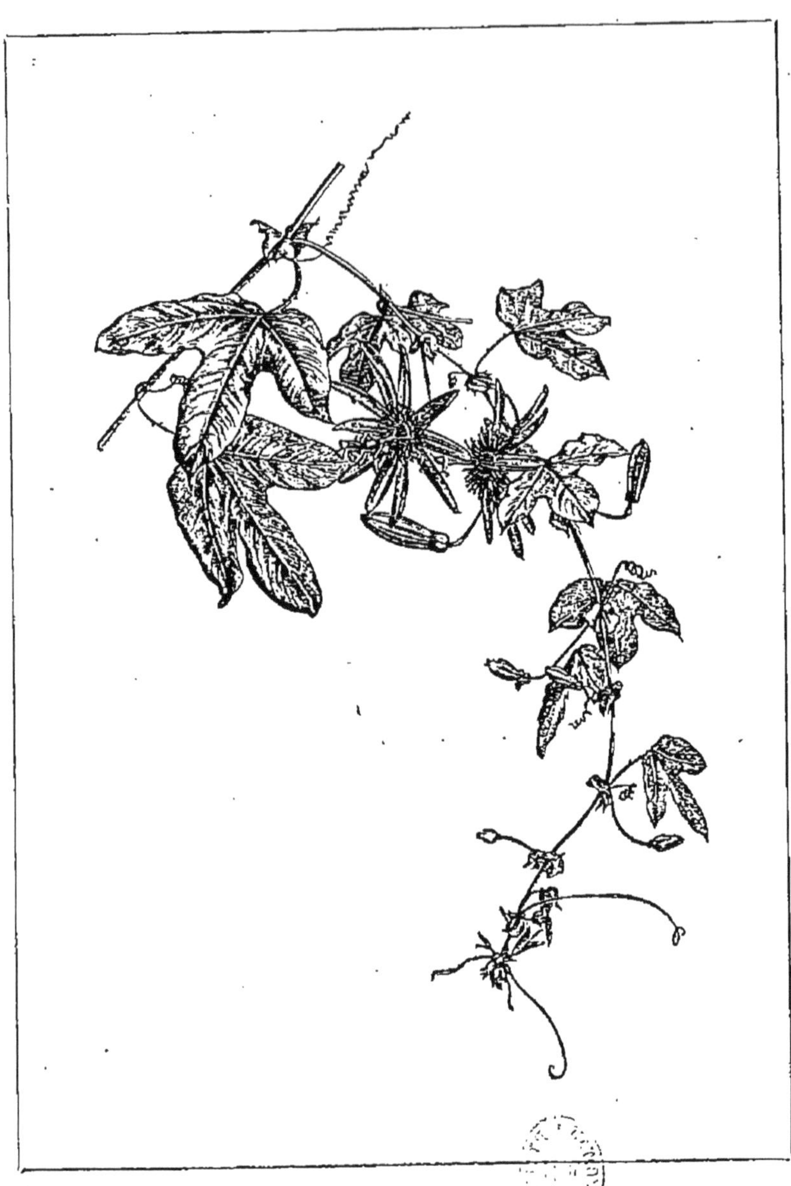

Fig. 24. — La passiflore.

la plante qu'il baptisa de ce nom : la passiflore.

Mais, avant lui, cette remarque avait été faite par la curiosité populaire et s'était traduite en une gracieuse légende que je vais vous raconter.

Quand Jésus fut crucifié, dans le voisinage de la croix se trouvait une plante au parfum modeste, aux humbles fleurettes, qui, prise tout à coup de compassion, se mit à pousser des tiges qui bientôt enlacèrent tendrement les membres endoloris du Nazaréen.

Cette plante sauvage, sans histoire, sans nom, poussant jusqu'alors comme le lierre et la ronce, s'enroula pieusement autour de la croix et, parvenue au sommet, s'inclina sur la tête de Jésus.

Elle reçut le dernier souffle du Rédempteur expirant.

Et aussitôt, changeant de parfum et d'éclat, elle devint la passiflore, où se trouvent représentés les instruments du supplice divin. Et, à chaque printemps, dans tous les pays, son éblouissante corolle reproduit les clous, le marteau et la couronne d'épines de la Passion.

LA GRASSETTE.

La grassette étale en rosette élégante ses larges feuilles, molles et vernissées. Du milieu de cette rosette s'élèvent deux tiges droites et fines, couronnées de fleurs violettes.

Elle est très jolie, la grassette, et je la comparerai volontiers à ces criminels hypocrites qui, sous des dehors charmants, cachent des instincts abominables.

Laissons la fleur de la grassette et observons ses feuilles.

Quelles que soient la sécheresse du sol et l'ardeur du soleil, le bord de ses feuilles est toujours humide et brillant, couvert d'une liqueur onctueuse, que sécrète la plante elle-même.

Si vous regardez attentivement ces feuilles, vous apercevrez, çà et là, des dépouilles informes, des débris épars, des pattes, des ailes, des carapaces d'insecte...

Que veut dire ce carnage? que s'est-il passé?

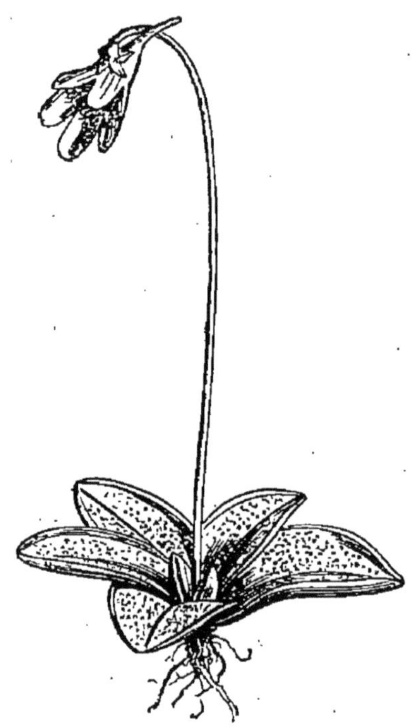

Fig. 25. — La grassette.

un meurtre, un assassinat! eh bien, oui; un véritable assassinat, une série de meurtres, aggravés de guet-apens.

La coupable, la grande coupable, c'est la jolie

grassette aux tiges élancées, qui mériterait la mort qu'elle a donnée, si les fleurs passaient en cour d'assises.

En face des pièces à conviction, reconstituons le drame : le pauvre insecte, qui se hasarde étourdiment sur les feuilles visqueuses et brillantes de la grassette, est aussitôt pris, et rien ne saurait le délivrer : il fait corps avec la feuille qui va devenir son tombeau.

Alors, tout doucement, la feuille se recourbe sur sa proie, qui se trouve en même temps engluée et emprisonnée. Comment voulez-vous qu'elle échappe? La feuille se recourbe encore, comme si une main invisible la roulait lentement sous des doigts irrésistibles. On ne voit plus rien ; la feuille redevient impassible, et la victime a disparu dans cette sorte de cornet.

Mais, au bout de quelques heures, un nouveau prodige s'opère. Peu à peu, la feuille se déroule, s'étale, toujours visqueuse et brillante ; vous regardez. Plus d'insecte! quelques débris informes rejetés par la grassette, et dont la feuille n'a pas voulu. Le reste a été dévoré par la plante, qui, pourtant, a des racines pour se nourrir.

La grassette a dîné, mais elle n'est point rassasiée : elle tend ses feuilles gluantes à de nouveaux insectes, qui viendront y mourir et disparaître.

La grassette ne chasse pas pour l'amour de l'art ; elle vit de son gibier ; elle tue et mange sa victime.

L'UTRICULAIRE.

L'utriculaire est plus étonnante encore que la grassette, dont elle semble partager les goûts carnassiers; mais l'engin dont elle dispose tient vraiment du prodige.

L'utriculaire, aux pâles fleurettes jaunes, aux rameaux indigents et frêles, est une plante aquatique, submergée, à la racine flottante et détachée, errante au sein des eaux, visitant tour à tour la surface et le fond des étangs. Ses feuilles sont garnies d'une multitude de petites outres ou vessies, d'où lui vient son nom d'utriculaire. D'après certains botanistes, ces outres ne seraient que des appareils de natation, se remplissant ou d'air ou d'eau; d'eau pour alourdir la plante et la guider au fond des eaux, d'air pour l'alléger et la pousser à la surface des étangs.

Fig. 26. — L'utriculaire.

·Destinées à ce seul usage, ces outres merveilleuses classeraient déjà l'utriculaire au premier rang des plantes étranges. Ces vessies,
qui tour à tour se remplissent d'air et d'eau,
pour faire descendre ou monter cette plante errante, étonnent et charment à la fois l'imagination.

Toutefois d'autres botanistes, qui nous sem-
blent être dans le vrai, vont plus loin encore.

Les outres de l'utriculaire seraient non seulement des appareils de natation, mais des engins
de pêche.

A ce compte, la frêle et délicate utriculaire
ne serait qu'une plante carnassière, une attra-
peuse et une mangeuse d'insectes aquatiques, un
ogre végétal, comme la grassette que nous avons
vue à l'œuvre et le népenthès, que je vous pré-
senterai tout à l'heure.

Sur les vessies de l'utriculaire s'ouvre un pe
tit orifice, garni de poils rudes, qui semble en dé-
fendre l'entrée. Derrière ces poils, apparaît une
soupape, qui s'ouvre du dehors en dedans, trappe

ingénieuse et perfide, libre pour l'entrée, inexorable pour la sortie.

Malheur à l'imprudent insecte qui, poussant la trappe, se trouve englouti par la soupape, et tombe dans la vessie, son tombeau! Pour lui, nulle chance de salut. Cette trappe implacable est comme la porte de l'enfer du Dante, où il faut laisser toute espérance.

D'abord, l'insecte nage avec confiance et volupté dans cette gouttelette d'eau, qui lui paraît un océan. Mais bientôt, l'outre mortelle qui le tient prisonnier sécrète une liqueur violente, et l'insecte, décomposé, disparaît. Une plante l'a dévoré.

La grassette et l'utriculaire sont dignes de s'asseoir à la même table; cependant, la place d'honneur appartient au népenthès.

LE NÉPENTHÈS.

Comment décrire cette plante bizarre et souveraine, qui semble être sortie des jardins enchantés d'Armide ou des parterres magiques des *Mille et une Nuits?*

Avec la victoria regia, le népenthès partage le sceptre des tropiques. C'est la plante-reine de Madagascar, l'île-reine de l'océan Indien. Elle étonne aussi, de ses splendeurs singulières, les solitudes de Bornéo et les forêts de Java.

Le népenthès est la plus admirable des plantes carnivores. A son appétit royal il faut des hécatombes d'insectes aux ailes d'azur et au corsage d'or. On dirait qu'il se nourrit de pierreries, de turquoises, d'émeraudes vivantes. Et ces brillants insectes, qui se succèdent dans un festin éternel, lui sont servis dans des coupes de nectar et de parfum.

L'épi de fleurs, que cette plante porte à son sommet, est, sans doute, magnifique; mais la suprême originalité du népenthès réside, éclate dans ses feuilles, les plus extraordinaire du monde végétal.

« Le népenthès, dit Grimard, c'est l'invraisemblance devenue plante, le paradoxe transformé en feuilles. »

Ces feuilles, les voici : tout le long de la tige, elles s'élèvent, s'étendent, se recourbent avec une grâce saisissante; larges et brillantes, ces feuilles se terminent tout à coup par un grêle et mince filament, vrille légère et charmante, qui, malgré son apparente faiblesse, supporte à son extrémité une coupe végétale, une urne véritable, complète, irréprochable, agrémentée de guillochis élégants, de bourrelets galonnés, d'ornements exquis, ciselés par l'outil d'une fée. La fée, c'est la nature.

Rien ne manque à ces urnes, pas même le

Fig. 27. — Le népenthès.

couvercle, opercule admirable qui, jouant comme sur une charnière, s'ouvre aux premiers rayons du soleil et se ferme aux approches de la nuit.

La nuit, ces urnes merveilleuses, portées délicieusement au bout d'une vrille légère, se remplissent d'une eau limpide parfumée, que sécrète la plante.

Le matin, quand l'urne soulève son couvercle sous l'action caressante du soleil, la coupe est pleine, et, dans ces bassins de fraîcheur et de parfum, tombent des milliers d'insectes qui s'y noient, comme la légende prétendait que s'était noyé le duc de Clarence dans son tonneau de vin de Malvoisie.

Que deviennent ces cadavres dans ce tombeau si attrayant? Le liquide les dissout; le népenthès les dévore. Cette urne est une assiette. Que dis-je! Comme toutes ces urnes se remplissent et se vident d'insectes en même temps, on peut dire que le népenthès mange à tous les plats à la fois.

Si, pour l'insecte, l'urne du népenthès est un tombeau, c'est pour l'homme une coupe de vie, un calice rafraîchissant, un verre béni, toujours plein. Ce n'est plus une plante, c'est une source; une source merveilleuse, qui ne jaillit pas d'un rocher, mais d'une feuille !

Si j'aime les fleurs, j'aime aussi beaucoup les insectes, et les plantes carnassières m'inspirent une sorte de terreur confuse. Il me semble qu'à ces gracieuses créatures, faites d'éclat et de parfum, l'air, la rosée, le soleil devraient suffire.

Cependant, il doit être beaucoup pardonné au népenthès en faveur du verre d'eau que, sous un ciel de feu, il tend, du bout de ses feuilles, au pauvre voyageur.

LA ROSE DE JÉRICHO.

La rose de Jéricho n'est pas une rareté, mais elle est un prodige. Poussant presque partout sous le soleil d'Orient, elle fleurit dans les vallons de la Palestine et les plaines sablonneuses de l'Égypte, sur les rivages de la mer Rouge, en Arabie, en Syrie, aux bords des fleuves antiques et des eaux sacrées, qui baignent les pages de la Bible.

Les savants lui ont donné le nom d'*Anastatique*, et les Arabes l'appellent poétiquement *Kef Meryem*, fleur de Marie. Pour le peuple, c'est la rose de Jéricho.

Du centre de ses feuilles, d'un vert grisâtre et mélancolique, s'élance une frêle tige, chargée de fleurettes éblouissantes. Autant ce feuillage est triste, autant cette fleur est riante.

Après la floraison, la tige s'incline, les pétales se flétrissent et tombent; et dans la silique, j'allais dire dans le berceau, mûrit la semence, se prépare la graine.

La graine est mûre; le sol va la recevoir, la prendre, la féconder. Si des pluies bienfaisantes ont préparé et rafraîchi la terre, tout sera pour le mieux : la graine germera à souhait, deviendra, à son tour, plante et fleur.

Mais, si la sécheresse est implacable et le sol brûlé, la rose de Jéricho se gardera bien de livrer ses graines aux ardeurs d'un soleil qui les calcinerait.

Elle a vécu, elle a fleuri pour se reproduire ; ces graines sont ses enfants; elle ne saurait les abandonner à la mort. Que fait-elle? Elle ramène vers le sol l'extrémité de sa tige et de ses rameaux desséchés, recouvre chaque silique, protège chaque berceau où la graine sommeille.

En la voyant ainsi flétrie et penchée, repliée sur elle-même, on dirait une plante morte. Non; elle vit, elle se recueille, elle songe à ses graines

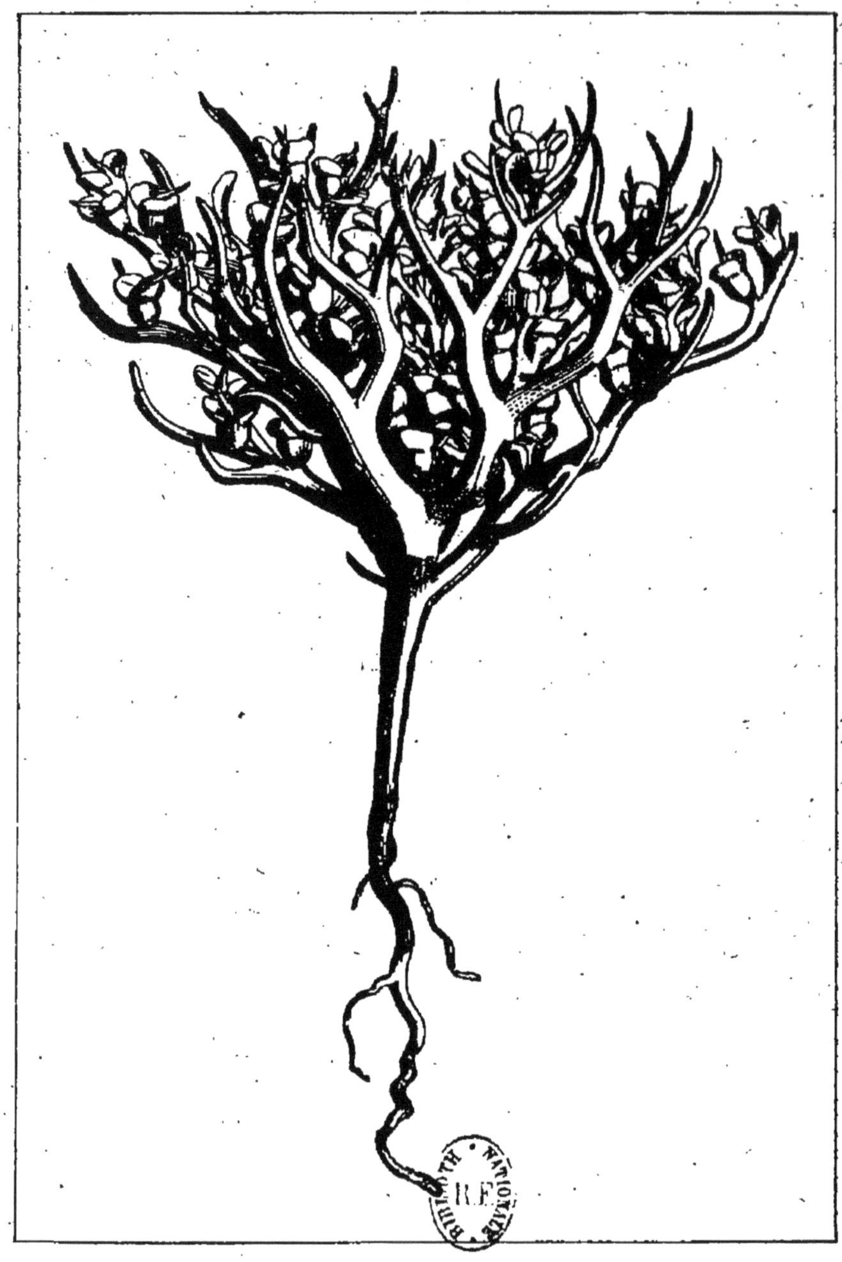

Fig. 28. — La rose de Jéricho.

et aux petites roses qui naîtront de ses graines.

L'heure marquée par la nature de confier cette semence à la terre a sonné, et la nature n'attend pas, elle veut être obéie. D'un autre côté, le sol est toujours brûlant : une poussière de feu. Quelle anxiété, quel tourment pour la plante-mère ! Que va-t-il se passer ? Un miracle : la rose de Jéricho, abritant toujours ses graines sous ses rameaux desséchés, entreprendra le plus merveilleux des voyages et transportera sa précieuse semence sur une terre plus clémente.

Peu à peu, elle détache du sol la forte racine qui l'y tenait attachée, et grâce à ses efforts maternels, elle ne touche plus à la terre que par une fibrille imperceptible, un fil vivant. Qu'attend-elle ? Le vent qui passe sur la plaine aride ; le vent du désert qui la prend, la saisit, l'emporte dans les airs, pour la déposer au bord d'une source ou d'une rivière, sur la lisière d'un bois, sous les frais ombrages de quelque oasis.

Là, après ce voyage féerique sur les ailes du vent, la rose de Jéricho s'attache à la terre hu-

mide et bienfaisante, qui fera prospérer ses graines ; elle sort de sa léthargie, se ranime, reverdit,
découvre le berceau où dormait sa semence tendrement abritée et la confie au sol.

Dès qu'elle est séparée de ses graines, elle
dépérit, se penche, incline ses rameaux desséchés et tombe dans une léthargie nouvelle.

Un jour peut-être, elle se réveillera encore ;
mais elle ne fleurira plus. Que lui importe ! Elle
a sauvé ses graines, et ses graines, devenues roses à leur tour, fleuriront comme fleurit leur
mère.

FIN.

TABLE DES MATIÈRES.

		Pages.
I. — D'où viennent les fleurs		12
II. — La bouquetière		18
III. — Les grands marchands de fleurs		29
IV. — La marchande des quatre saisons		32
V. — Les marchés aux fleurs		39
VI. — Les serres de la Ville		46
VII. — Les parterres aériens		55
VIII. — Les jardins funèbres		65
IX. — Fleurs industrielles et médicinales		81
X. — Les amateurs de fleurs		87
XI. — Où vont les fleurs		113

LES FLEURS ÉTRANGES.

La passiflore	117
La grassette	122
L'utriculaire	126
Le népenthès	131
La rose de Jéricho	137

BIBLIOTHÈQUE INSTRUCTIVE ET AMUSANTE

Troisième série

FORMAT PETIT IN-8°, ILLUSTRE, DE 112 PAGES

LE TOURNOI, par Walter Scott.

LE PARIA, par L. Collas.

LA TOUR EIFFEL, par Henry Girard.

LE GATEAU DES ROIS, par Paul Lacroix (Bibliophile Jacob).

LE SEIGNEUR TIGRE, par Daniel Arnauld.

UNE MISSION PÉRILLEUSE, par G. Henty

LE MONDE DES FAUVES, par Fulbert Dumonteil.

Quatrième série

FORMAT PETIT IN-8°, ILLUSTRÉ, DE 144 PAGES

MATADOR, par G. de Cherville.

LES FLEURS A PARIS, par Fulbert Dumonteil.

CHEZ LES LAPONS, par R. de Gourmont.

LE MOUSSE, par G. de Cherville.

LA PÊCHE AUX PERLES, par Pierre Frédé.

AVENTURES LOINTAINES dans l'Amérique russe (Alaska), par Pierre Frédé.

LA FERME DU MANOIR, par Paul Deltuf.

LA FÉE AUX OISEAUX, par Mme Gustave Demoulin.

LA JEUNE SIBÉRIENNE, par Xavier de Maistre.

TYPOGRAPHIE FIRMIN-DIDOT. — MESNIL (EURE).